防控红火蚁

主编 陆永跃

编委 冯晓东 曾 玲 许益镌 李潇楠
王 磊 王晓亮 程代凤 齐易香

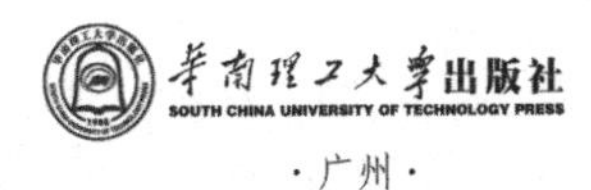

·广州·

图书在版编目（CIP）数据

防控红火蚁 / 陆永跃主编．—广州：华南理工大学出版社，2017.8（2020.11 重印）

ISBN 978-7-5623-5335-5

Ⅰ．①防…　Ⅱ．①陆…　Ⅲ．①红蚁 - 防治　Ⅳ．①Q969.554.2

中国版本图书馆 CIP 数据核字（2017）第 161959 号

防控红火蚁

陆永跃　主编

出 版 人：卢家明

出版发行：华南理工大学出版社

（广州五山华南理工大学 17 号楼，邮编 510640）

http://www.scutpress.com.cn　E-mail: scutc13@scut.edu.cn

营销部电话：020-87113487　87111048（传真）

责任编辑：林起提

印 刷 者：佛山家联印刷有限公司

开　　本：889mm×1194mm　1/32　印张：2.25　插页：1 页　字数：53 千

版　　次：2017 年 8 月第 1 版　2020 年 11 月第 3 次印刷

定　　价：18.00 元

前言

作为全球100种最具破坏力的入侵生物之一，源自南美洲的红火蚁（*Solenopsis invicta* Buren）自20世纪初期传入美国后，相继蔓延入侵至澳大利亚、新西兰、加勒比海等多个国家和地区。由于其食性复杂、习性凶猛、繁殖迅速、竞争力强大，红火蚁入侵后的短时间内易暴发成灾，对入侵区域的农林业生产、人体健康、生态环境和公共安全等均会造成严重危害。据统计，美国每年被该蚁叮蛰的有时竟达1400万人次，造成100多人死亡。

2003年9—10月与2004年9月中国台湾和大陆分别发现红火蚁发生危害，证实这种高度危险的害虫已突破了太平洋广阔的界限。红火蚁一直是各国政府、科学界和民众关注的重要入侵物种之一。虽然我国政府高度重视红火蚁的入侵危害问题，采取了一系列措施力图扑灭疫情、延缓扩散，但是由于该蚁传播途径多样、传播载体数量巨大，截至2016年12月入侵区域已由2005年的40余个县区迅速扩大至11个省区281个县区，平均每年有22个县区被入侵。未来二三十年，红火蚁将快速扩散传播。在中国南方局部入侵区，红火蚁已暴发成灾，危害也不断显现：农田弃耕、攻击蜇叮群众，危及敏感人群生命安全等现象频发。

发现红火蚁入侵中国已有13年，在这期间，我国基本上构建了红火蚁的研究、检测监测技术体系、检疫除害技术体系、应急防控与根除技术体系，防控工作取得了显著成效。

为更好地宣传和普及防控红火蚁的相关知识，我们编写了本书，其内容包括形态特征、传播分布、影响危害、生物学、监测调查、防治、防范与处理 7 个方面。期望本书对红火蚁的预防与控制工作有参考价值。限于编者的知识和水平，本书不当之处在所难免，欢迎专家学者和读者批评指正。

本书获得国家重点研发计划项目 2016YFC1201200、广东省科技发展专项资金项目 2017B020202009、世界银行项目“中国全氟辛基磺酸及其盐类和全氟辛基磺酰氟优先行业削减与淘汰”等项目资助。

编　者

2017 年 8 月

目 录

引 言

2004年9月中旬，广东省吴川市农业局农作物病虫测报站技术人员赴大山江街道办事处竹城村调查农作物病虫害发生情况。村民反映被一种蚂蚁叮咬后患处痛痒、起红疹，甚至出现红肿化脓、发热、头晕等症状。技术人员随即与村民一起到蚂蚁发生地点展开调查，并采集了蚂蚁样本。

这种蚂蚁以前没见过，
应先确定是哪一种。

技术人员将采集到的蚂蚁标本送至广东省植物检疫站，并汇报了当地该蚁严重危害的情况。广东省植物检疫站领导当即决定将该标本递交专家鉴定。

应该是红火蚁，台湾去年年底也发现了它的入侵。

2004年9月23日，华南农业大学昆虫学系曾玲教授收到了该蚂蚁标本，并会同张维球教授、陆永跃博士观察研究该蚁的形态特征，鉴定种类。在高度怀疑该蚁是红火蚁后，曾玲教授等随即向广东省植物检疫站有关人员询问该蚁在吴川市危害的具体情况，并让市农业局技术人员陪同由华南农业大学、广东省植物检疫站的专家组成的调查组一同前往发生地进行实地调查、取样。

2004年9月25日，调查组获得了该蚁各个虫态的标本、行为特点、蚁巢特征、蚁巢结构和危害症状等第一手资料。经多次观察、研讨，9月28日曾玲教授、张维球教授、陆永跃博士共同确定了该蚁为红火蚁（*Solenopsis invicta* Buren），并联名向广东省和农业部的植物检疫管理部门提交了种类鉴定报告和防控对策建议。

■ 2005年7月8日，华南农业大学红火蚁研究中心成立。发现红火蚁入侵中国大陆地区后，华南农业大学的害虫防治专家们联合了中山大学、广东省昆虫研究所、广东省农业科学院植物保护研究所等单位专家，积极配合农业部、广东省有关部门开展红火蚁的调查、监测、防控研究和指导工作。为整合力量、形成团队，进一步把红火蚁的相关科技研究和防控工作做好，在曾玲教授、梁广文教授等的倡导下，在广东省农业厅、华南农业大学等单位支持下，成立了华南农业大学红火蚁研究中心。

■ 围绕红火蚁种群控制基础理论和关键技术问题，华南农业大学红火蚁研究中心重点开展了以下 5 个方面工作：（1）研究红火蚁入侵生物学、灾变规律及其机制；（2）研究红火蚁入侵的生态学效应，重点研究其入侵对本地近缘种、其他生物及其之间关系的影响；（3）研究红火蚁化学防治理论基础及关键技术；（4）研究红火蚁生物防治资源挖掘与利用；（5）研究红火蚁扩散传播规律、监测与检测技术和检疫除害技术。经过 13 年的科技攻关，该中心已经研究建立了适合于中国大陆的监测技术体系、检疫除害技术体系、应急防控与根除技术体系，为我国红火蚁预防与控制提供了有力的科技支撑。

红火蚁的形态特征

一 工蚁的形态特征

红火蚁长什么样子?
怎么认识它呢?

各品级（castes）工蚁的腹柄结均由 2 节组成。

确定是不是红火蚁的依据是工蚁触角、唇基内缘、后头中央、复眼、下颚须、后结节等多个部位的形态特征，需要进行深入的科学观察。

唇基内缘中央有一明显齿，兵蚁亚品级头部比例较小，后头中央无明显凹陷。

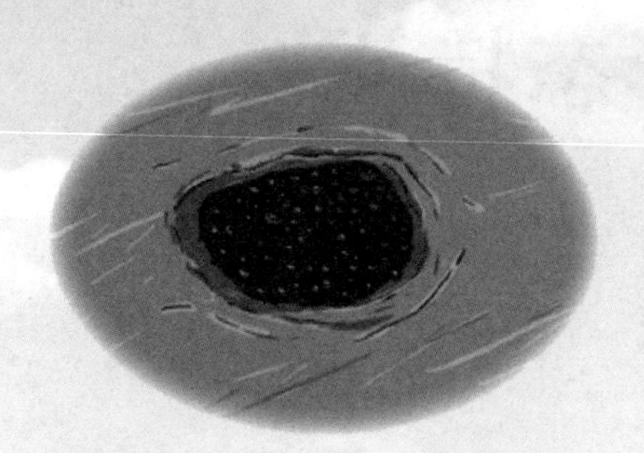

复眼由数十个小眼组成，黑色，位于头部两侧上方。

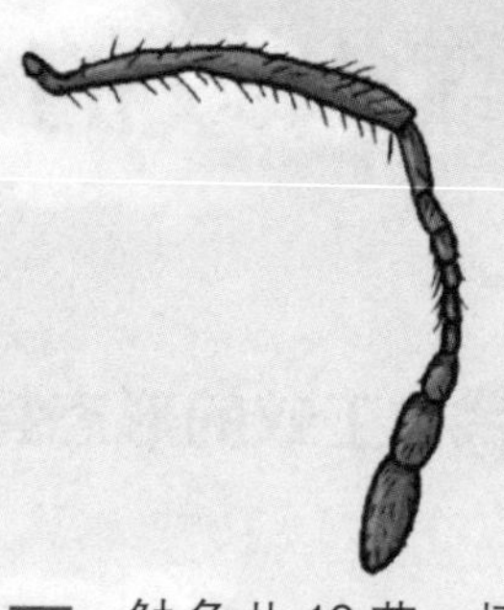

触角共10节，柄节最长，鞭节端部2节膨大呈棒状。

在没有发现其他相似的火蚁种类入侵我国的情况下，可依据工蚁多态性、蚁巢结构、攻击行为及危害症状等初步判定是否是疑似红火蚁。

工蚁分为大型工蚁（兵蚁）和中小型工蚁（工蚁），其体型大小呈连续性多态型。大型工蚁体长6～7 mm，体桔红色，腹部背板呈深褐色；中小型工蚁体长2.5～5.0 mm，头、胸、触角、各足均为棕红色，腹部呈棕褐色。

腹部卵圆形，可见4节，腹部末端有螯刺伸出。

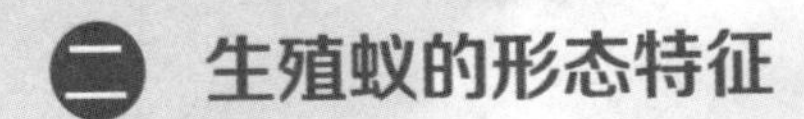

二 生殖蚁的形态特征

这是生殖型雌蚁，也就是没有出嫁、交配、建立自己家庭的雌蚁。

■ 生殖型雌蚁：有翅型雌蚁体长8～10 mm，头及胸部棕褐色，腹部黑褐色，着生翅2对；头部细小，触角呈膝状，胸部发达，前胸背板显著隆起。

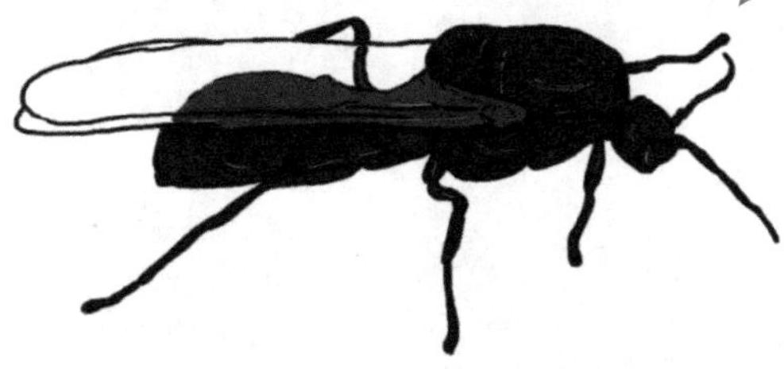

这是雄蚁，婚飞，与生殖型雌蚁交配是它唯一的使命。

■ 雄蚁：体长7～8 mm，体黑色，头部细小，触角呈丝状，胸部发达，前胸背板显著隆起，着生翅2对。

这是蚁后（Queen），是蚁群的中心，也是强大的繁殖机器。

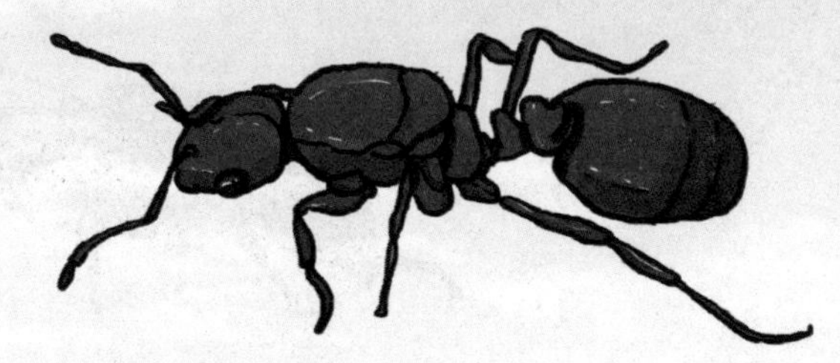

■ 蚁后：有翅型雌蚁婚飞交配后落地，将翅脱落，筑巢成为蚁后。蚁后体形（特别是腹部）可随寿命的增长不断增大。

三 幼蚁的形态特征

通常很多粒粘成一团。人们口中常说的蚂蚁蛋其实不是卵，而是蚂蚁的幼虫和蛹。

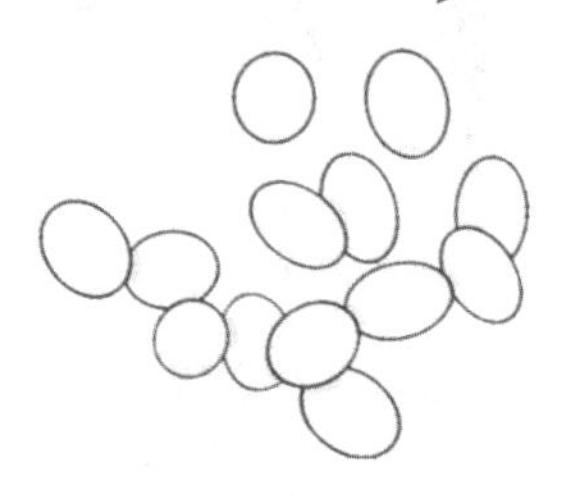

■ 卵：卵呈圆形，大小为 0.23～0.30mm，乳白色，半透明。

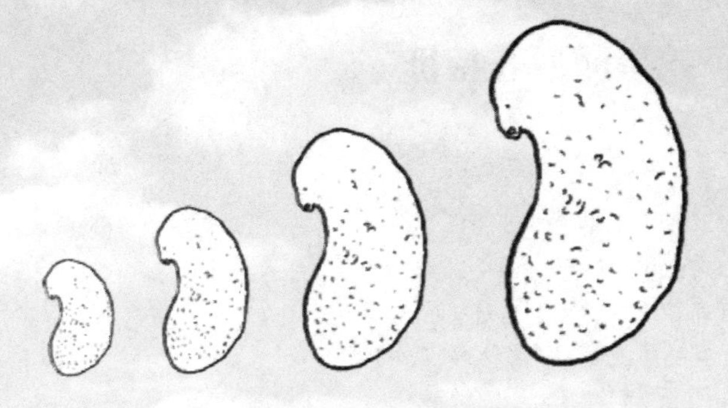

■ 幼虫：共 4 龄，均呈乳白色。长度为：1 龄，0.27～0.42 mm；2 龄，0.42 mm；3 龄，0.59～0.76 mm；发育为工蚁的 4 龄幼虫，0.79～1.20 mm；发育为有性生殖蚁的 4 龄幼虫，4～5 mm。1～2 龄体表较光滑，3～4 龄体表披有短毛，4 龄上颚骨化较深，略呈褐色。

■ 有性生殖蚁蛹：裸蛹，初期为乳白色，体长 5～7 mm，触角、足均外露。

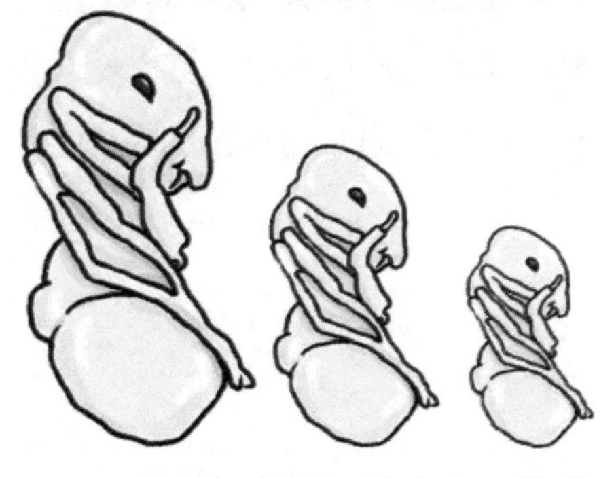

■ 工蚁蛹：裸蛹，乳白色，体长 2～5 mm，触角、足均外露。

四 蚁巢的形态特征

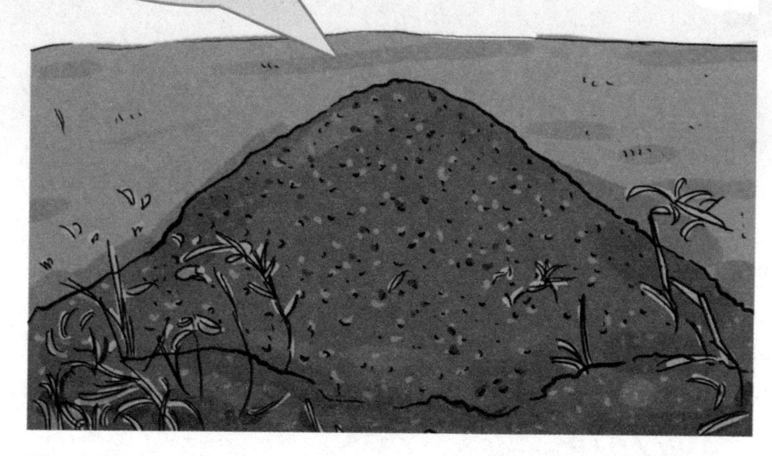

红火蚁蚁巢土堆的外部特征和内部结构是比较特别的，所以如果看到路边或者绿地有这样的土堆，有可能就是红火蚁入侵了。

■ 成熟蚁巢（蚁丘）：红火蚁为完全地栖型蚁巢的蚂蚁种类，成熟蚁巢是以土壤堆成高 10～30 cm，直径 30～50 cm 的蚁丘。

■ 成熟蚁巢（蚁丘）：分为地上部分和地下部分。地上部分表面土壤颗粒细碎、均匀，除了婚飞时间外没有进入蚁巢的孔道；地下部分深 2 ~ 4cm 有多条直径 5 ~ 8mm 向外辐射数米至 10 多米的觅食蚁道，蚁道上每隔数厘米有一觅食孔至地面。工蚁通过蚁道上出口出入蚁丘和到达地面觅食。蚁丘底部有数条向下的取水道。

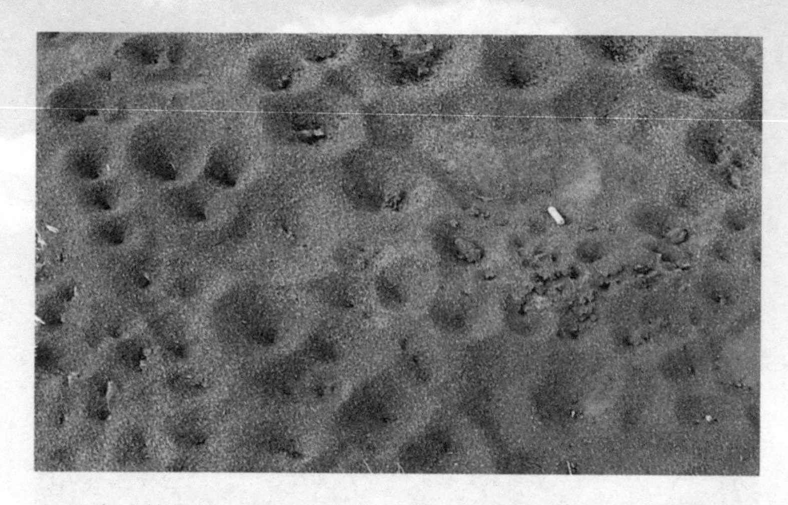

未成熟蚁巢：交配的雌性生殖蚁落地脱翅成蚁后，成功产生小蚁群，一般 6 个月左右才能形成一个宽 7～15 cm，高 3～6 cm 的小蚁丘，此时能在地表看到明显蚁巢；蚁巢在建设过程中，在地面隆起成蚁丘前，常呈现为平铺的蜂窝状。

蚁巢内部结构：呈蜂窝状，包含很多蚁室。

红火蚁的扩散传播

一 自然扩散

自然扩散一般有3个途径：婚飞、蚁巢迁移、随水流动。

红火蚁通过自然途径和人为途径不断传播扩散，入侵发生区域也随之不断扩大。

■ 婚飞：红火蚁自然扩散主要靠生殖蚁婚飞。气候和环境条件合适时，生殖蚁从成熟蚁巢中出巢，飞到约90～300 m的空中进行交配。交尾后大部分雌蚁飞行数百米，少数可飞行3～5 km，降落后寻觅构筑新巢的地点。如有风力助飞则可扩散至更远，最远可达16 km。

蚁巢迁移、分巢
建立新巢，扩散
距离很近。

■ 蚁巢迁移：红火蚁蚁巢建立后，一般 1～2 个月会迁移 1 次，迁移距离 1～10 m，大部分为 3～5 m。迁移的方向是随机的。

■ 分巢：多蚁后型红火蚁常采用分巢方式建立新群体，即一部分蚁后率领部分工蚁离开原来的蚁巢，在附近建立新巢。分巢扩散的速度缓慢，为每年 18～35m。

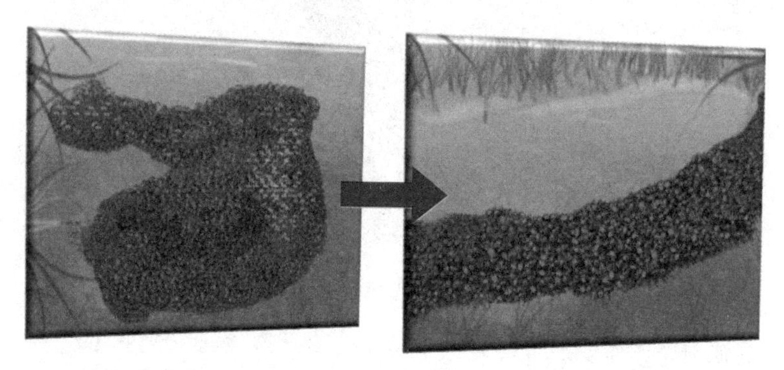

■ 随水流动扩散传播：处于溪流旁、江河岸堤、湖边或者低洼地等地点的红火蚁蚁巢，若因降雨暴发洪水或者其他原因被淹没，蚁群会聚集形成蚁筏随水流漂流，直到遇到合适的建巢地点才重新建巢。这种随水迁移的距离短的数百米，长的可达十几千米。

二 人为传播扩散

随着贸易、交流、运输等方式扩散传播的途径多、风险大、速度快。这也正是植物检疫部门要应对和管理的。

■ 人为传播方式：主要随带土苗木、花卉、草皮等植物调运，或者随垃圾、土壤、堆肥、农耕机具设备、包装物、货柜等物品或工具运输而远距离传播。美国每年扩张速度为 198 km，我国大陆为 48～80 km/ 年。

入境的废旧物品携带
红火蚁的概率最高，
应予以重点防范。

■ 出入境物品：携带入境物品类型多、风险大。2005 年至 2014 年，中国大陆在入境的 17 类进口物品中发现红火蚁。其中，发现红火蚁概率较高的出入境物品包括废纸、废塑料、废旧电脑、废旧机械、苗木、原木、树皮、木质包装、集装箱等。

■ 出入境物品：除了以上出现红火蚁概率较高的物品外，还包括多类其他物品，如椰糠、鱼粉、豆粕、水果、腰果、玛瑙石、鲜花、花旗参等。

在较普遍发生红火蚁灾害的区域内，苗木花卉、草皮场携带红火蚁的概率很高，要注意检疫。

■ 苗木花卉、草皮：从发生红火蚁灾害的区域内调出的苗木花卉、草皮携带红火蚁的概率很高，部分苗木携带率甚至高达 9%，草皮种植场红火蚁平均发生率在 50% 以上，约 260 m^2 可发现一个蚁巢。

■ 其他传播方式：牧草、养蜂箱、农耕机具设备、建筑材料、栽培介质（土壤）等均可成为携带红火蚁进行远距离传播的载体。

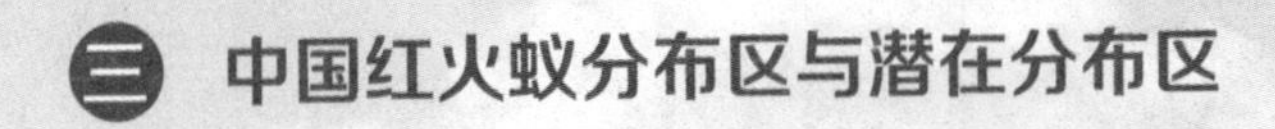

三 中国红火蚁分布区与潜在分布区

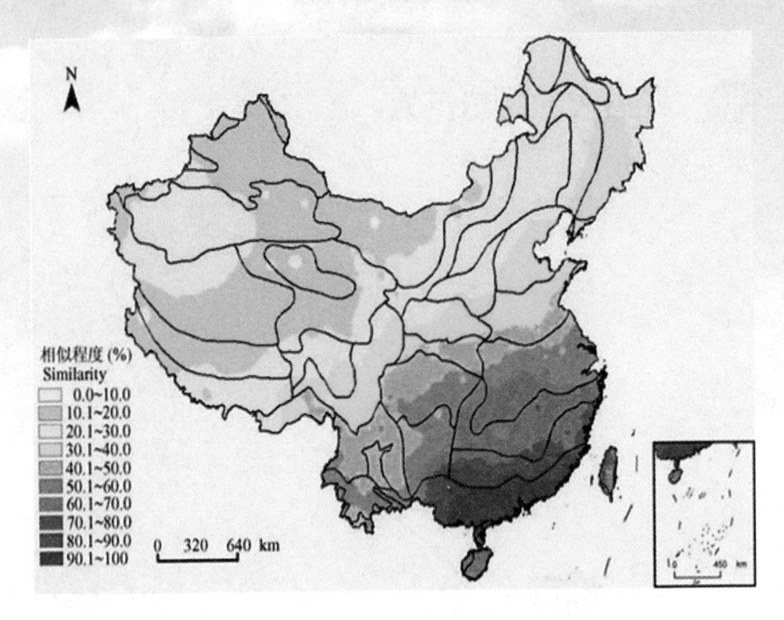

■ 分布区：2016 年 12 月，我国红火蚁入侵危害区包括广东、广西、福建、云南、海南、江西、湖南、四川、重庆、贵州、浙江、台湾、香港、澳门这 14 个省和地区，其中大陆有 281 个县区，港澳台地区约有 20 个县（市、区）。

■ 潜在分布区：橙色及邻近区域发生红火蚁入侵的可能性较大（沈文君等，2008）。

红火蚁入侵的危害

一 红火蚁的攻击行为

红火蚁工蚁叮蜇人畜，取食小动物、种子、果实等，对人体健康、农林业、公共安全、生物多样性等均可造成危害。

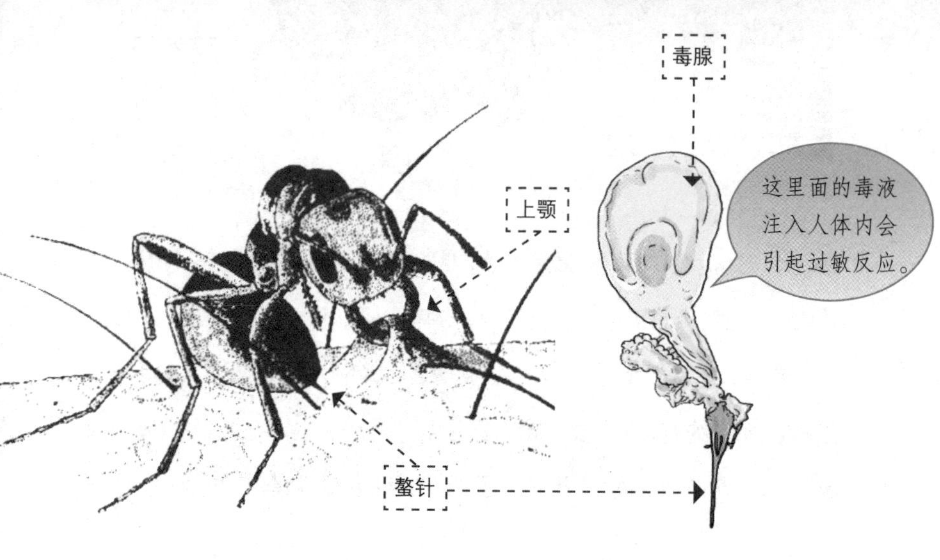

毒腺
上颚
这里面的毒液注入人体内会引起过敏反应。
螯针

红火蚁用于攻击其他生物的器官：上颚和腹末螯针。

注意了！如果发现工蚁爬到身上，要迅速拍掉或抖落，不然可能会被叮蜇。

■ 攻击行为：当红火蚁的蚁巢或者活动受到干扰时，工蚁会迅速出动攻击，以上颚咬住攻击对象的皮肤，以螫针连续多次刺伤动物或人体，并释放毒液。在野外，是否存在主动攻击行为可以作为迅速判断是否为疑似红火蚁的参考方法之一。

二 红火蚁对人体健康的危害

人在红火蚁发生区域劳作、活动、玩耍、休憩时，被工蚁蜇刺受伤的风险很大。

■ 症状：人体被红火蚁蜇刺后会有如火灼伤般的疼痛感，其后出现类似于灼伤的水泡，半天到一天后蜇刺处化脓形成脓包。如水泡或脓包破掉，若不注意清洁卫生则易引起二次感染。美国每年有 1400 万人次被红火蚁蜇刺，其中有 100 多人死亡。

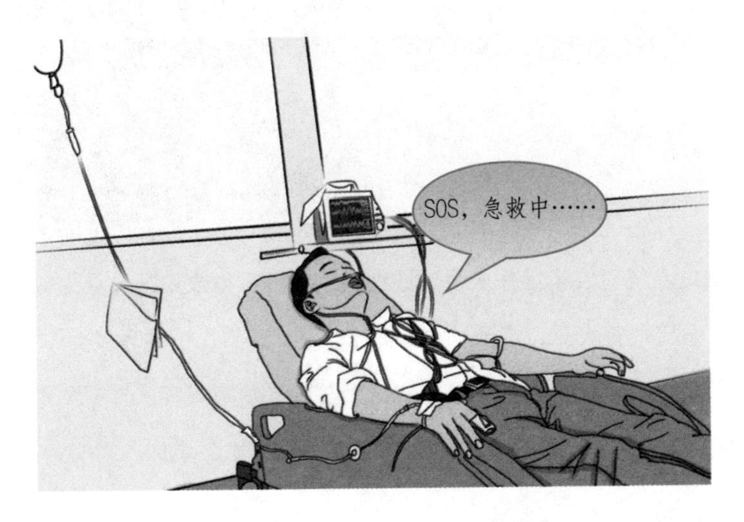

■ 症状：被红火蚁蜇刺后，多数人仅会感觉到疼痛、不舒服，少数人尤其是过敏体质人群对毒液中的毒蛋白过敏，可能会出现严重过敏、头晕、发烧、无法说话等症状，严重时甚至休克、死亡。

三 红火蚁对农林业的危害

■ 红火蚁发生区，作物出苗稀少，长势弱。

■ 无红火蚁发生区，作物出苗稠密，长势好。

■ 除了对农事操作人员造成伤害、降低工作效率外，红火蚁还可直接危害大豆、玉米、向日葵、甘蔗、蔬菜、柑橘等多类作物。其危害方式包括搬运种子，降低出苗率；危害果实，造成畸形、腐坏；破坏作物嫩茎、嫩芽、根系；保护害虫，增加作物疾病等。

在牧场和室内畜禽饲养场，红火蚁常叮蛰牲畜、家禽，造成动物口鼻、腿蹄、胸部等部位出现大量脓包，偶尔也会蜇死幼小畜禽，降低其存活率。

四 红火蚁对公共安全的危害

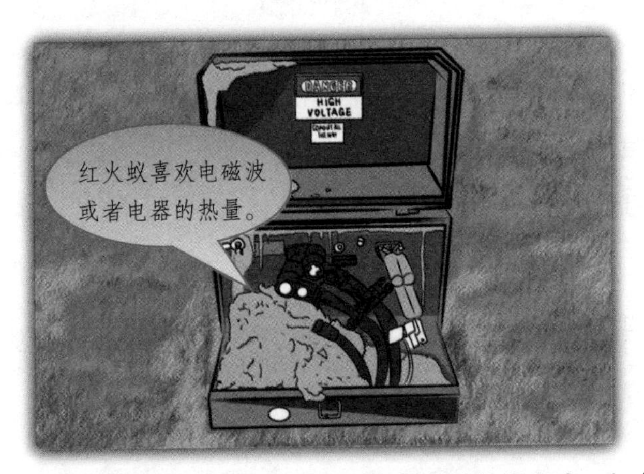

红火蚁常把蚁巢筑在户外或室内电器相关的设备中，如电表、电话总机箱、交通机电设备箱、机场跑道指示灯、空调器等，易造成电线短路或设施故障。

五 红火蚁对生态系统的危害

红火蚁攻击雏鸟

红火蚁入侵新地区后会捕食无脊椎动物及脊椎动物，明显降低了其他生物的种类和数量，对生态系统造成一定影响。该蚁会攻击动物的卵、幼体，包括海龟、蜥蜴、树鸭、水鸟、长腿兀鹰、鹌鹑、燕鸥及小型哺乳动物等，也会显著影响无脊椎动物群落、植物群落，导致生物多样性的改变。

红火蚁攻击蝗虫

红火蚁入侵后，虽会捕食一些如鳞翅目和鞘翅目的幼虫等害虫，但是会保护一些害虫如蚜虫、蚧壳虫等，改变当地的害虫结构。对于该蚁是否可以作为天敌加以利用的问题，答案显然是否定的，因为引入该蚁后所造成的危害比获取的利益要大得多。

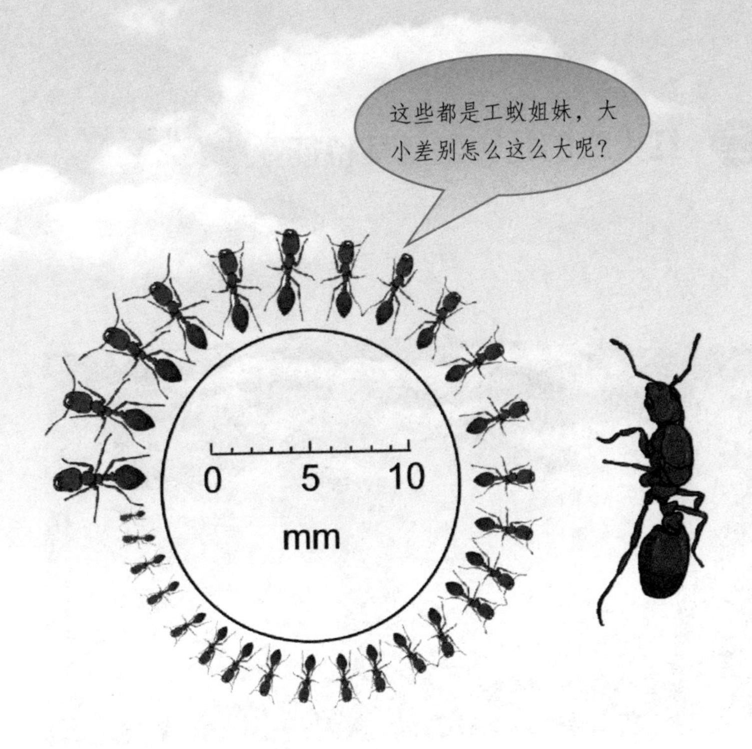

■ 红火蚁工蚁体型大小呈连续性变型（仿 Vinson，1997），即一个蚁群中存在形态相似、大小不同的工蚁个体。

二 红火蚁的社会型及其特征

按一个蚁群中蚁后数量划分社会型。

我是唯一的老大！

我是老大团中的老大！

单蚁后型（monogyne）：一个蚁巢中仅有一头具有生殖能力的蚁后。与多蚁后型相比，其腹部明显较大。

多蚁后型（polygyne）：一个蚁巢中有多头蚁后，通常有1头超级蚁后，拥有超过半数的工蚁和丰富的资源。

单蚁后型特征：工蚁对其他蚁巢红火蚁有积极防御行为；每个蚁群仅形成一个蚁巢和蚁丘；成熟蚁巢、蚁丘大小相近，蚁丘间距离较大，一般为五六米到十几米，密度为20～100个/公顷，多者数量可达200个。

多蚁后型特征：工蚁对其他蚁巢红火蚁防御行为较弱；每个蚁群可形成一到几个蚁巢和蚁丘，分为主巢和副巢；蚁丘大小不等，间距在几十厘米到几米之间，密度为400～600个/公顷，甚至可超过1000个。

三 红火蚁的建巢与繁殖能力

■ 建巢：婚飞交配后的雌蚁落地后脱去翅膀，找到合适地点，向下挖掘深 7～20 cm 的隧道，并封住出口，然后在隧道底部产下十几粒卵。经过 8～10 天，第一批卵孵化为幼虫后，蚁后便开始产下约百粒卵。依靠取食第二批卵和蚁后喂哺，20～40 天后第一批幼虫发育为成虫，并开始负责为蚁后和新生幼蚁寻找食物、饲喂幼蚁、挖掘蚁道、修建蚁丘等工作。之后，随着数量较多、体型较大的工蚁不断产生，蚁群逐渐增大，蚁丘规模也随之不断扩大。一般约 6 个月后，蚁群中的蚁数量可发展到几千至上万头，地面上蚁丘开始显现出来。

蚁后是典型的繁殖机器，
正常情况下不停地产卵。

■ 繁殖能力、发育历期与寿命：一头蚁后每天产卵800～1500粒，一个由若干头蚁后组成的蚁群每天可产卵2000～3000粒。新蚁群建立后，当温度高于20 ℃时，新建立的蚁群4个月可产生生殖蚁，一个成熟蚁群一年产生4000～6000头生殖蚁。各个虫态发育历期：卵为7～10天，幼虫4个龄期为6～60天，蛹为9～16天；卵至成虫历期：小型工蚁为20～60天，大型工蚁、雌性生殖蚁和雄蚁为60～90天；寿命：小型工蚁为1～3个月，大型工蚁为3～6个月，蚁后为6～7年。

四 红火蚁的觅食行为

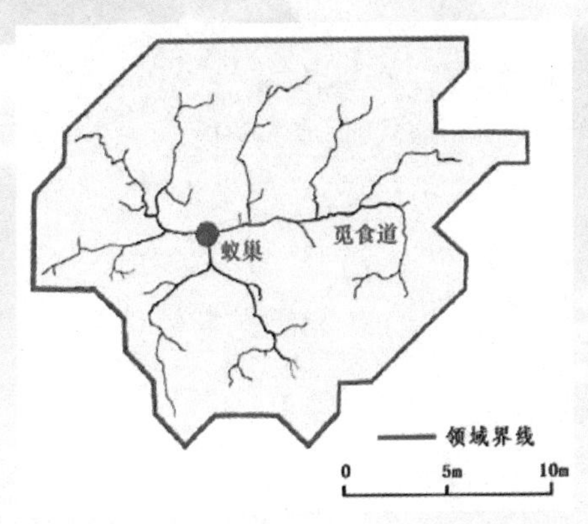

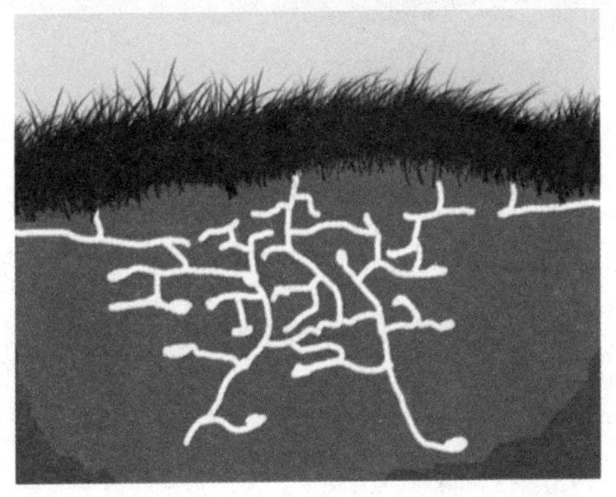

领域和觅食道：一个蚁巢的工蚁活动、觅食所覆盖的区域范围称为该蚁巢的领域。一般领域以蚁巢为中心，大小与蚁群规模相关，其半径从几米到十几米不等。工蚁主要通过蚁丘周围地下挖出的辐射状通道外出觅食。这种觅食蚁道覆盖了蚁巢领域的大部分区域。环境条件适宜时，这些觅食蚁道中及附近地面上总有工蚁在活动。因此，无论食物在领域内的任何位置，工蚁总能快速发现，并召集到相应数量的工蚁来进行搬运采集。

太重了搬不动，太大了
搬着不方便，太轻了、
太小了不值得搬，找到
合适的？真难啊！

■ 食性：红火蚁食性杂，觅食能力强，取食节肢动物、无脊椎动物、小型脊椎动物以及腐肉。除此之外，该蚁还可取食 149 种野生花草种子、57 种农作物。因群体生存、发展需要大量糖分，工蚁常取食植物汁液、花蜜或在植物上“放牧”蚜虫、蚧壳虫等产蜜昆虫。工蚁搬运的固体颗粒直径一般为 0.8～2.3 mm，厚度为 0.3～0.6 mm。

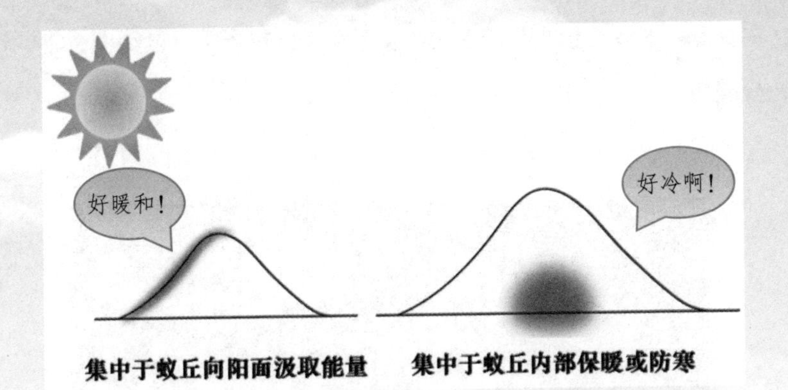
好暖和！
好冷啊！
集中于蚁丘向阳面汲取能量
集中于蚁丘内部保暖或防寒

■ 蚁群活动节律和环境条件：当气温高于 10 ℃时工蚁开始觅食， 19 ℃以上进入持续觅食阶段，20～35 ℃（地表温度 21～38 ℃）且地面比较干燥时觅食活跃。因此，凉爽季节的白天或炎热时期的傍晚和夜间工蚁觅食活动频繁。凉爽季节的白天，蚁群常集中于蚁丘向阳面获取阳光的能量；炎热或者寒冷的季节，蚁群常集中于蚁丘中下部防寒或者保暖。

五 红火蚁的婚飞交配

■ 降雨后一两天内如果土壤相对湿度大于或等于 80%，气温在 24～32 ℃，晴朗、风不大，上午 10 时前后红火蚁有翅生殖蚁开始进行婚飞活动。一年中任何时间只要符合以上气候条件，婚飞都可能发生，但是以 3—5 月居多，秋季次之。具体婚飞规律因地理区域不同而有所差异。

■ 婚飞开始前工蚁在蚁巢表面挖出宽度为 6～10 mm 的出口，有翅生殖蚁爬出蚁巢，在工蚁协助下爬至杂草等的上部，飞至空中交配。雌性生殖蚁将所获得的精子存于储精囊中，供终生产卵受精用。

■ 在婚飞、落地、筑巢过程中，约有 99% 红火蚁雌蚁死亡。多蚁后型与单蚁后型蚁群新蚁后所采取的生存策略是不同的。婚飞后多蚁后型雌性生殖蚁常集结成群，共同建立新蚁巢，或进入已有蚁巢，与原有蚁后一起生活。单蚁后型有翅雌生殖蚁婚飞后，独立建巢，如落入其他蚁群的领域，被工蚁杀死的可能性很大。

红火蚁的监测调查

明确红火蚁入侵和扩散的动态，为检疫管理和防除提供依据。

一　调查区域类型与调查要求

1. 调查监测区域及重点

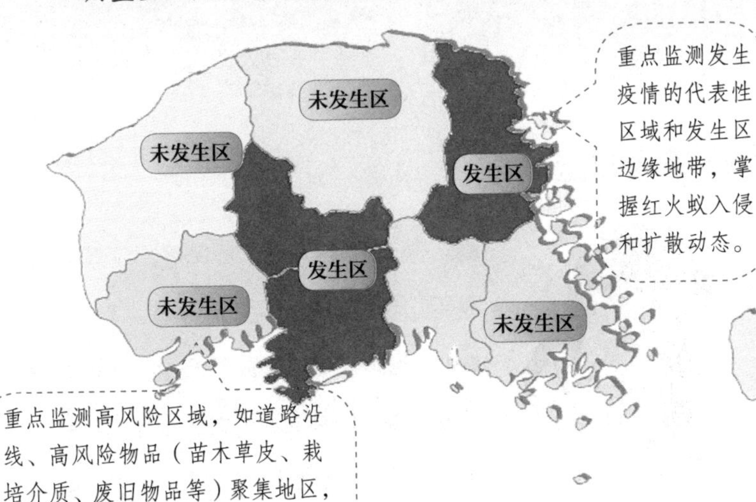

未发生区
未发生区
发生区
发生区
未发生区
未发生区
重点监测发生疫情的代表性区域和发生区边缘地带，掌握红火蚁入侵和扩散动态。
重点监测高风险区域，如道路沿线、高风险物品（苗木草皮、栽培介质、废旧物品等）聚集地区，明确红火蚁是否传入。

2. 调查监测时期

夏季
春秋季
今天晴天，最高气温35℃以下，可以去调查红火蚁。
今天晴天，最高气温20℃以上，可以去调查红火蚁。

二 访问调查

■ 红火蚁活动旺盛时期：华南地区为3月—11月，华中、华东、西南地区为4月—10月。

■ 访问医务人员、居民等，了解当地是否出现过蚂蚁叮蜇伤人事件。

■ 向当地农事操作人员及绿化植被养护人员了解，是否发现地面有隆起的蚁巢。

■ 向当地管理人员了解，近年来是否存在从红火蚁发生区调入的高风险物品情况。

■ 每个社区或行政村随机访问调查10人以上，记录可疑蚁害发生地点、发生时间。重点排查在访问调查过程中发现的可疑地点。

三 实地调查

1. 踏查

■ 对重点监测区域实施全面调查。步行察看有无可疑的蚁丘或工蚁活动。如有蚁丘，则干扰破坏蚁丘，观察是否有蚁群迅速出巢并表现出攻击行为的现象。在发现疑似红火蚁蚁丘或者工蚁活动的地点，应采集蚂蚁标本，现场鉴定或送至有关部门、专家鉴定。

■ 经鉴定确认出现红火蚁的区域，应进行全面监测，明确红火蚁发生分布的具体范围、蚁巢密度、工蚁密度、危害程度等；使用GPS仪对发生区、蚁巢进行准确定位，使用明显标志标记蚁巢；及时总结疫情发生情况，并向当地政府和省市植物检疫管理部门汇报。

2. 诱集调查

将直径为2～3 cm的新鲜火腿肠切成约1 cm厚的薄片，放入小塑料瓶中，并将瓶口紧贴地面放置，诱集红火蚁工蚁。瓶旁插上明显标志。

好香！赶快来啊！
也可用明显标志签穿上火腿肠薄片，直接插于地面，诱集红火蚁工蚁。

诱饵放置应覆盖红火蚁传入的高风险区、发生区内所有的村庄或社区。每个村庄或社区每种类型的场所设置 3 个以上诱集点，每个点随机放置 10 个以上诱饵，对于条状区域（如绿化带等）则沿条状走向一线放置，相邻诱饵间距为 10～20 m。将诱饵置于地面 30 分钟后，采集蚂蚁，现场鉴定或送有关部门、专家鉴定。

四 应用侦测犬查找

■ 训练专门的红火蚁侦测犬查找，可显著提升对复杂环境中或者隐蔽的蚁巢的搜寻效率和准确率，增大了有效控制红火蚁危害或者灭除该蚁的可能性。

五 挖巢检查

■ 为确定红火蚁蚁群数量、结构变化、判定防治措施的杀灭效果等，需要挖取整个蚁巢，检查、记录各个品级数量、幼蚁发育情况。挖巢时，应挖掘到蚁巢底部，一般深度为 50～100 cm。

红火蚁的防治

一 防治策略与依据

防控目标：持续控制发生区红火蚁种群密度，切实遏制其扩散蔓延势头，避免因该蚁伤人而引起社会恐慌和大面积弃耕。

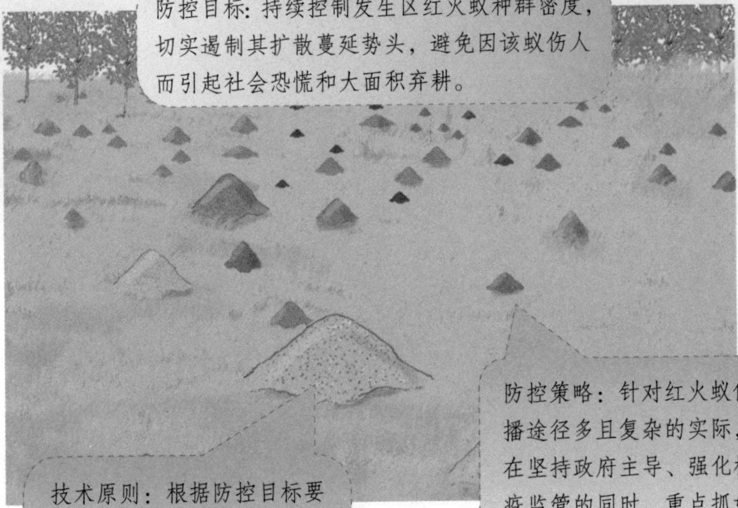

防控策略：针对红火蚁传播途径多且复杂的实际，在坚持政府主导、强化检疫监管的同时，重点抓好发生区域的持续治理和未发生区域的监测调查工作。

技术原则：根据防控目标要求，结合地理环境特点，科学全面地监测红火蚁发生情况，确定防控重点和具体方法；选择使用安全、低毒、低残留药剂，主要采用点面结合、诱杀为主的技术开展防治工作，并对发生区内高风险调出物品进行检疫处理；科学评价防控效果，指导下一步防控工作。

春

防控适期：根据当地气候条件，每年开展2次全面防控。第一次防治应在春季红火蚁婚飞前或婚飞高峰期进行。

秋

防控适期：第二次防治应在夏季、秋季气候条件适宜时进行。

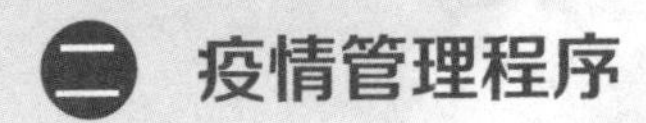

二 疫情管理程序

要重视防控效果的检查评估工作：防治前进行全面调查、分析，了解红火蚁发生的具体情况；防治后2～6周再全面调查、分析，明确防控成效和存在的不足，确定进一步工作的内容和方法。

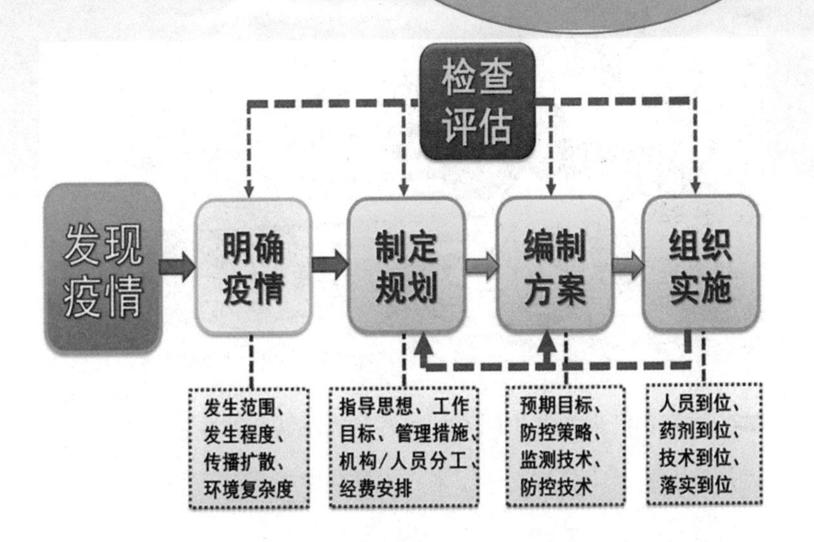

三 检疫阻截

检疫除害：15～20℃时，用溴甲烷 50 g/m³ 密闭熏蒸染疫应检物品 2 小时；或在近自然条件下用 2～10 g/m³ 磷化铝片剂密闭熏蒸 24 小时。

■ 对来自红火蚁发生国家和地区的物品实施检疫，重点是废旧物品（机械）、原木、木质包装、集装箱等。一旦发现该蚁，应严格实施检疫除害。

■ 采用踏查法、诱饵法进行：（1）产地检疫。在苗木、花卉、草皮等生长期间定期检查种植场地及周边环境中是否有红火蚁出现；（2）调运检疫。在各类应检物调运前，检疫应检物及其携带的土壤或介质、包装材料、运载工具等，检疫合格后方可从疫情发生区调出。

■ 检疫除害：从发生区调出苗木、花卉、草皮、土壤、介质、肥料、垃圾等须用触杀性强、低毒的药剂浸渍或灌注至完全湿润；如果是盆栽的，也可施放高效杀虫颗粒剂于介质内（药剂有效成分占介质0.001%～0.0025%），施药后彻底浇透。

四 应用毒饵灭治红火蚁

1. 必须使用高质量的饵剂

●优点：应用范围广，使用方便，能杀死蚁群的大部分个体；
●缺点：一次施用的防治效果一般为60～70%，好的在80％以上，因此需要多次使用。

多种因素会降低防治效果：
●温度过高、过低，地面潮湿等；
●婚飞、迁移、重建等期间；
●前期使用药剂作用期间；
●刺激气味强烈区域；
●食物丰富、取食饱和区域。

毒饵防治效果良好的前提是高质量毒饵制剂。优良的饵剂的主要指标包括：（1）使用的是安全高效杀虫剂成分，如吡丙醚、烯虫酯、氟苯脲、茚虫威、氟蚁腙等；（2）制剂形状、大小、重量合适，应该是呈疏松结构的扁平状、片状，直径1.5～2.0 mm、厚度0.3～0.6 mm，重量200～300 μg/片；（3）对红火蚁具高引诱力，在红火蚁觅食活跃条件下，按单个蚁巢剂量施用饵剂时被工蚁发现时间在几分钟以内，召集工蚁数量大，搬运速度快（以1小时内搬完为优）；（4）制剂新鲜，无变质，对工蚁无忌避（遗弃）现象。

2. 以灭杀蚁后为核心

灭蚁后
灭蚁后
灭蚁后
红火蚁是社会性昆虫，蚁后一旦死亡，蚁群也会随之自然消亡。因此，杀灭蚁后才是防治技术应用的核心和目标。

3. 合适的环境条件

■ 投放毒饵环境条件：晴或者多云的白天、夜晚，气温 21～34 ℃或者地表温度 22～38 ℃，地面干燥时均可使用；地面潮湿或者预报 6～12 小时内有降雨时，不能投放。

4. 灭除单个蚁巢或者单个地点红火蚁

■ 灭治方法和要求：

●适用于蚁巢密度较小、分布较为散落，或使用诱饵诱集到工蚁比率较低的发生区；

●在距蚁巢 10～100 cm 处点状或环状撒放毒饵，或者在诱饵诱集到工蚁的地点点状撒施毒饵；

●毒饵用量应根据制剂使用说明和蚁巢大小确定，中等大小蚁巢使用推荐用量的中间值，小蚁巢和大蚁巢使用推荐用量的下限值和上限值。

这是高引诱力饵剂，一般饵剂是不能这么撒的。
灭治方法和要求：
●防治前不要扰动蚁巢；
●少数高引诱力的毒饵可直接撒施于蚁巢上；
●对防治区域所有活蚁巢或者诱饵诱集到工蚁的地点撒施毒饵。

5. 普遍撒施毒饵

■ 灭治方法和要求：

●适用于蚁巢密度较大、分布较为普遍或采用诱饵法普遍诱集到工蚁、但较少发现蚁巢的发生区域；

●根据制剂使用说明和蚁巢密度、工蚁密度确定毒饵用量，多蚁后型发生 1 公顷面积最低用量是防治单个活蚁巢的推荐用量中间值的 400～600 倍，例如灭治单个蚁巢用量 10g/ 巢时，1 公顷最低用量是 4～6 kg；

●撒施毒饵时要覆盖发生区的所有地点。

手动式撒播器撒施，幅度 4～5 m。
喷撒……

推动式撒播器撒施，幅度 4～5 m。
推撒……

机动撒……
背负式汽油机动喷撒器撒施，幅度 10～15 m。

自动撒……
机械行走式机动撒播器撒施，幅度 10～15 m。

■ 在合适的区域，可适当组织人力，采用各种喷撒器大范围撒施毒饵，工作效率可达 200～300 亩 / 人 / 天，甚至更高。

■ 使用无人机等撒施毒饵，工作效率更高，而且可以到达人员无法进入的区域或更复杂的环境，不留死角，防控效果更彻底。

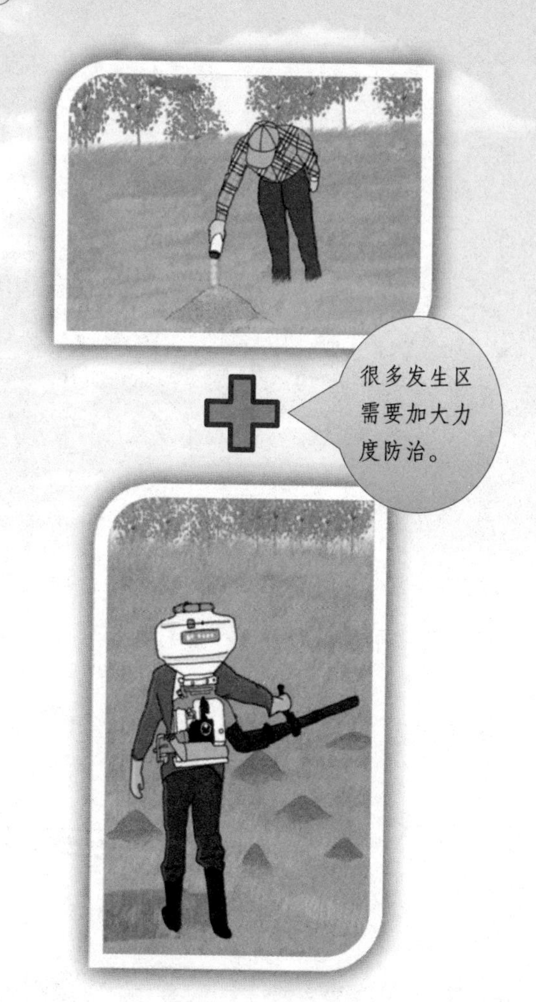

■ 综合施用：在严重发生区域，蚁巢密度大、分布普遍时，可采用防治单个蚁巢和普遍撒施相结合的方法施用毒饵，并适当加大毒饵的用量。

■ 补施毒饵：毒饵使用2周后，在遗留的活蚁巢、诱集到工蚁的地点及其附近区域采用点施的方法撒施毒饵。

五 应用粉剂防治红火蚁

接触传递性毒杀粉剂可是我国的发明。

防治目标：处理单个蚁巢，杀灭蚁后，进而杀灭蚁群。

使用方法：破坏蚁巢，待工蚁大量涌出后迅速将药粉均匀撒于工蚁身上。通过带药工蚁与其他蚂蚁之间的接触来传递药物，进而毒杀全巢。一般5～10天起效。

这种药剂既有优点，又有缺点，应掌握好使用技术。

●优点：能够对蚁后产生威胁，可能杀灭全巢；

●缺点：施药操作要求细致，只能用于防治较明显蚁巢，不适合防治散蚁、不明显蚁丘；

●注意事项：撒药细致，务必使药粉粘到蚂蚁身上，避免在下雨、风力较大时施药。

常见降低粉剂防效的技术问题：

●气温低于15℃使用；

●破坏蚁巢程度不够。应破坏蚁巢地面以上大于或等于1/3的部分（蚁丘）；温度越低，破坏蚁巢程度应越大；

●不区分粉剂类型。一般粉剂在湿地、降雨时使用，容易失效，防效低；防水型粉剂可在地面潮湿、小雨时使用；

●撒施不均匀、不全面，没有使足够多的工蚁接触、携带粉剂。

六 应用药液灌巢防治红火蚁

■ 目标：药液灌巢法灭除单个蚁巢。

■ 使用方法：将药剂按照其商品使用说明配制成规定浓度的药液。施药时以活蚁巢为中心，先在蚁巢外围近距离淋施药液，形成一个药液带，再将药液直接浇在蚁丘上，或挖开蚁巢顶部后迅速将药液灌入蚁巢，使药液完全浸湿蚁巢土壤并渗透到蚁巢底部。应根据蚁巢大小确定药液用量，保证充分灌透整个蚁巢。

■ 用药量：根据蚁巢大小而定，一般为 10 升 / 巢以上，大蚁巢要 20 升以上，务必使整个蚁巢内充满药液。

■ 用药时间：凉爽季节早晨，蚁群中大部分个体聚集在地表附近，最适宜灌巢；气温过低，特别是冬季，或者夏季气温过高时，蚁群转移至土壤深层，此时不适宜灌巢。

■ 注意事项：防治前不要扰动蚁丘，以免惊动红火蚁，导致蚁后转移；施药要迅速；药液量要大，药液量不足是导致失败的主要原因。

■ 优点：见效快。

■ 缺点：技术难度大，人工量大，用水量大，防治效果较低。

七 宣传培训与技术示范

■ 防控红火蚁，人人齐参与：大力开展宣传培训与技术示范工作，提升有关部门管理人员、技术人员防控红火蚁的能力和水平；让广大公众认识红火蚁，了解红火蚁，知道如何防控和防范红火蚁。

红火蚁蜇伤的防范与处理

避免被红火蚁蜇伤，对敏感体质人群尤其重要。

■ 不要在红火蚁发生区较长时间活动、停留，注意不要碰触红火蚁蚁巢、蚁道和外出觅食活动的工蚁。

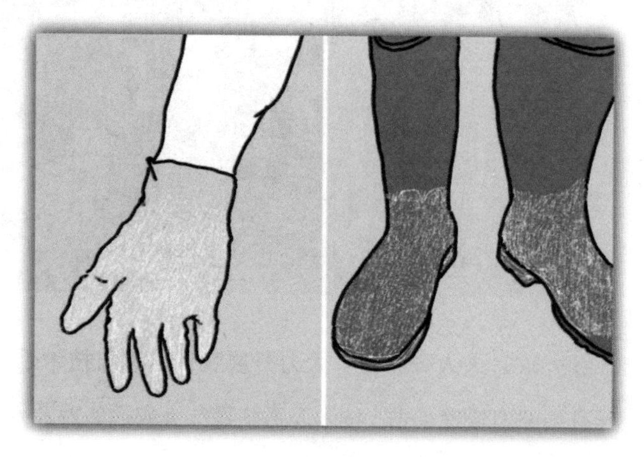

■ 在红火蚁发生区劳作时要充分做好防护，戴上手套、穿上长筒雨靴，并在上面涂抹滑石粉等。

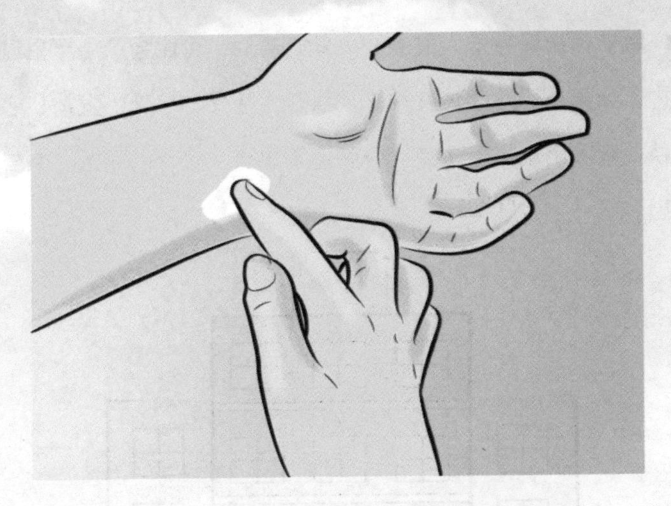

■ 不慎被红火蚁叮蜇后，注意清洁、卫生，避免抓挠，在被叮蜇患处涂抹清凉油、类固醇药膏等药物缓解和恢复。

■ 被红火蚁叮蜇后，如出现较大面积红斑、皮疹等，应在医生指导下口服抗组胺药剂等药物治疗。

▬ 敏感体质等特殊人群被红火蚁叮蜇后，可能会产生严重过敏反应，如果出现脸部燥红肿胀、全身性搔痒、头晕、发热、心跳加快、呼吸困难、无法说话、胸痛等现象，应立即就医，并告知病因。

特别提醒：被红火蚁叮蜇后表现症状与人体被叮蜇部位、被叮蜇数量、被叮蜇经历、人体健康状态等均可能有关系，难以准确预测病情发生发展程度，因此，应尽量做好防护工作，避免被该蚁叮蜇。如不小心被叮蜇，应密切观察症状发展情况，严重时应该及时就医治疗。

主要参考文献:

[1] 陆永跃，曾玲．发现红火蚁入侵中国 10 年：发生历史、现状与趋势 [J]. 植物检疫，2015, 29(2):1–6.

[2] 陆永跃，梁广文，曾玲．华南地区红火蚁局域和长距离扩散规律研究 [J]. 中国农业科学,2008,41(4):1053–1063.

[3] 陆永跃．中国大陆红火蚁远距离传播速度探讨和趋势预测 [J]. 广东农业科学，2014, 41(10):70–72, 彩图．

[4] 沈文君，王雅男，万方浩．应用相似离度法预测红火蚁在中国适生区域及其入侵概率 [J]. 中国农业科学，2008, 41(6): 1673–1683.

[5] 曾玲，陆永跃，陈忠南，等．红火蚁监测与防治 [M]. 广州：广东科技出版社，2005.

[6] 曾玲，陆永跃，何晓芳，等．入侵中国大陆的红火蚁的鉴定及发生为害调查 [J]. 昆虫知识，2005, 42(2):144–148, 封面，封三，封四．

[7] 王福祥，王琳，李小妮，等．红火蚁疫情监测规程（GB/T23626–2009）[M]. 北京：中国标准出版社，2009.

[8] 曾玲，陆永跃，王以燕，等．农药田间药效试验准则（二）第 149 部分：杀虫剂防治红火蚁（GB/T 17980.149–2009）[M]. 北京：中国标准出版社，2009.

[9] 吴立锋，王琳，陆永跃，等．红火蚁化学防控技术规程（NY/T 2415–2013）[M]. 北京：中国标准出版社，2013.

[10] Wang Lei, LuYongyue, XuYijuan,*el al*. The current status of research on Solenopsis itnvicta Buren (Hymenoptera: Formicidae) in Mainland China[J]. Asian Myrmecology, 2013, 5:125–138.

[11] Vinson S B. 1997. Invasion of the red imported fire ant (Hymenoptera: Formicidae)[J] American Entomologist, 1997, 43(1):23–39.